一日一動物 探索超圖鑑

親子互動遊戲別冊

親愛的小朋友，歡迎打開這本「親子互動遊戲別冊」，
《一日一動物 探索超圖鑑》將帶你探索地球上各種神奇的動物：
地上爬的、路上走的、水裡游的，還有天空飛的。

希望透過圈圈看、連連看、著色等有趣的小遊戲，
讓你在遊玩的過程中，更認識這充滿驚奇與奧妙的世界。

準備好了嗎？讓我們一起揭開大自然的神祕面紗吧！

目 次

填填看 | 01 月（January）
擁有特殊捕獵技法的動物

說到捕食獵物，你心中是不是馬上浮現出在草原上奔馳的獅子呢？
其實，擁有高超又特殊捕獵技巧的動物，可不只有肉食性動物唷！
快拿起筆填填看，猜猜下列四種動物分別使用什麼技法捕食獵物？
（請翻開圖鑑第 18 頁至第 25 頁對照）

1. 德州珊瑚蛇

嘿嘿嘿～我擁有_____，
被我咬到的獵物會馬上麻痺，
逃都逃不了喔！

2. 非洲漁鵰

我會張開鋒利的_____猛撲，
鴨子、水龜、小紅鸛……
都逃不出我的手掌心。

3. 電鰻

雖然沒有皮卡丘那麼厲害，
但我能夠釋放高達 800 伏特的_____，
直接擊暈獵物！

4. 鬼面蛛

我有著比其他蜘蛛都大的眼睛，
而且我能精準地使用_____，
拋向任何步行或飛行的獵物唷！

連連看 | 02 月（February）
在你我身邊的動物

除了和我們同住在一起的家人以外，
有些動物其實也悄悄地潛伏在家中，或是經常在你身邊出沒唷～
一起動手連連看，幫這些小動物找到牠們的身體部位吧！

（請翻開圖鑑第 40 頁至第 41 頁對照）

家鼷鼠

我是最常見的老鼠，
一年最多可以生 14 窩，一窩 12 隻，
增產報國代表就是我！

棕色遁蛛

頭上有小提琴花紋，
所以可以叫我提琴蜘蛛。
最喜歡抽屜、家具這些溫暖的地方！

疣尾蠍虎

我喜歡亮光！
腳趾根部有細小的黏性毛髮，
所以擁有飛簷走壁的絕技！

03 月（March）
擁有利爪的動物

我們或許沒有足以撕碎獵物的牙齒，但我們擁有鋒利無比的爪子！
這對我們的生存至關重要，因為有了爪子，才可以捕食、殺死獵物，
或是用來挖掘、爬樹、懸掛於樹枝上。
拿起筆圈圈看，猜猜下列哪些動物擁有銳利的爪子呢？（有四種喔～）
（請翻開圖鑑第 54 頁至第 57 頁對照）

褐喉三趾樹懶

架紋蟾

角雕

四角招潮蟹

大西洋海神海蛞蝓

墨西哥鈍口螈

大犰狳

04 月（April）
棲ㄑㄧ息ㄒㄧ在ㄗㄞˋ深ㄕㄣ海ㄏㄞˇ的ㄉㄜ動ㄉㄨㄥˋ物ㄨˋ

海底是地球上既危險又尚未被完整探索的區域，
即使用天馬行空的想像力，也無法猜想到在深海裡的奇特動物。
現在，就讓我們用填空的方式，一起認識神祕的海底生物吧！

（請翻開圖鑑第 66 頁至第 67 頁對照）

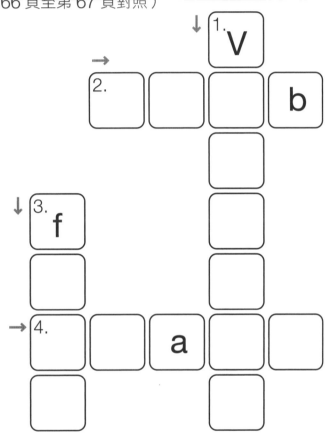

1. 幽ㄧㄡ靈ㄌㄧㄥˊ蛸ㄒㄧㄠ
　_____ Squid

2. 基ㄐㄧ瓦ㄨㄚˋ多ㄉㄨㄛ毛ㄇㄠˊ怪ㄍㄨㄞˋ
　Yeti _____

3. 軟ㄖㄨㄢˇ隱ㄧㄣˇ棘ㄐㄧˊ杜ㄉㄨˋ父ㄈㄨˋ魚ㄩˊ
　Blob _____

4. 皺ㄓㄡˋ鰓ㄙㄞ鯊ㄕㄚ
　Frilled _____

我生活在沙漠，有著一對不尋常的大耳朵，

不僅可以幫助我散熱、保持涼爽，還能在清楚聽見獵物的聲音。

但是我已經迷路三天，快要餓昏了……

請你幫幫我，帶我找到水源和食物吧！

（請翻開圖鑑第 89 頁對照）

耳廓狐

填填看 | 06 月（June）
棲息在淡水的動物

你知道嗎？地球上有這麼多的水，
但其中有三分之二全都被鎖在南北極的冰川和冰層中喔！
那麼剩下的三分之一則分給了河流、水池、池塘、湖泊等淡水，
並成為下列這些小動物美好的家園呢～
拿起筆填填看，這些小動物平常都吃什麼填飽肚子吧！

（請翻開圖鑑第 96 頁至第 97 頁對照）

1. 歐亞水獺 我是水中蛟龍， 因為眼睛長得比較上面， 所以就算身體在水下， 也能輕鬆觀察周遭動靜喔！	食性：肉食性 主食為＿＿＿＿＿＿＿＿， 也吃＿＿＿＿＿＿＿＿、 ＿＿＿＿＿＿＿＿。
2. 蒼鷺 我們會結群棲居， 一個族群的巢穴數量可能超過 100 個。	食性：肉食性 主食為＿＿＿＿＿＿＿＿、 ＿＿＿＿＿＿＿＿、 ＿＿＿＿＿＿＿＿。
3. 普通翠鳥 我們會在河岸邊挖洞穴築巢。 能捕食到水面下 25 公分深的獵物， 厲害吧！	食性：肉食性 主食為＿＿＿＿＿＿＿＿、 ＿＿＿＿＿＿＿＿。
4. 亞馬遜河豚 我們行動敏捷，還很會倒立！ 能夠利用迴聲定位避開障礙物， 並在黑暗水域中尋找獵物唷！	食性：肉食性 主食為＿＿＿＿＿＿＿＿、 ＿＿＿＿＿＿＿＿、 ＿＿＿＿＿＿＿＿、 ＿＿＿＿＿＿＿＿。

連連看 ｜ 07 月（July）
擁有尖牙與利齒的動物

我們擁有鋒利無比的尖牙以及強大的咬合力，
除了有危險時可以保護自己之外，還能夠幫助我們捕食其他動物！
拿起筆連連看，下列六種擁有尖銳牙齒的動物，分別吃哪些食物維生呢？

（請翻開圖鑑第 114 頁至第 115 頁對照）

美洲豹

歐氏尖吻鮫

緬甸蟒

河馬

斑點鬣狗

囊鰓鰻

著色遊戲

我是身手敏捷的攀爬專家，能夠在樹枝間跳躍超過兩公尺，
因為腳踝有雙關節，所以能以「頭部朝下」的方式在樹木爬上爬下唷～
請發揮你的想像力，拿起畫筆，為我塗上鮮豔的色彩吧！

（請翻開圖鑑第 130 頁對照）

歐亞紅松鼠

勾勾看

想要在弱肉強食的世界中生存，
必須擁有五花八門的絕活妙招，才有辦法保護自己或捕捉獵物。
快拿起筆勾勾看，針對這四位「動物刺客」的敘述，哪些是正確的呢？

（請翻開圖鑑第 144 頁至第 145 頁對照）

1. 大ㄉㄚˋ藍ㄌㄢˊ環ㄏㄨㄢˊ章ㄓㄤ魚ㄩˊ

- ☐ 無脊椎動物
- ☐ 吐墨汁混淆獵物視線
- ☐ 肉食性動物

2. 大ㄉㄚˋ鱷ㄜˋ龜ㄍㄨㄟ

- ☐ 哺乳類
- ☐ 會用粉色舌頭吸引獵物
- ☐ 雜食性動物

3. 黑ㄏㄟ豹ㄅㄠˋ

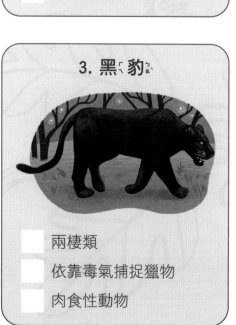

- ☐ 兩棲類
- ☐ 依靠毒氣捕捉獵物
- ☐ 肉食性動物

4. 森ㄙㄣ林ㄌㄧㄣˊ響ㄒㄧㄤˇ尾ㄨㄟˇ蛇ㄕㄜˊ

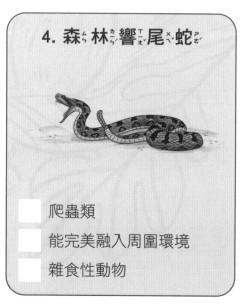

- ☐ 爬蟲類
- ☐ 能完美融入周圍環境
- ☐ 雜食性動物

填填看

動物的夜行生活

夜行性動物會在晚上活動的原因有很多種，
有些是為了避開白天的炎熱，有些是為了躲避掠食者，
因此牠們都擁有不可思議的感官能力，
以便在黑暗中任意遊走並保持安全喔！
下列這些特徵別名，分別屬於哪些夜行動物呢？拿起筆填填看吧！

（請翻開圖鑑第 162 頁至第 163 頁對照）

A. 尖叫聲能傳得很遠　　B. 嗅覺敏銳　　C. 大斑點很像眼睛

D. 在夜間會群體行動　　E. 發出黃光吸引配偶　　F. 塔斯馬尼亞惡魔

G. 北斗七星螢火蟲　　H. 安第斯夜猴　　I. 壽命不到一週

東美螢火蟲

獨眼巨人天蠶蛾

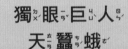

秘魯夜猴

袋獾

| **11 月（November）**
藏身於洞穴的動物

雖然居住在洞穴裡，但其實不太擅長挖掘，
因此捕食完獵物之後，會在牠們廢棄的洞穴中築巢。
我們還會在巢穴附近挖一小塊區域來儲存吃剩的獵物，
這樣當食物短缺時，就能有足夠的存糧填飽肚子，不會挨餓囉～
請發揮你的想像力，拿起畫筆，為我塗上鮮豔的色彩吧！

（請翻開圖鑑第 185 頁對照）

伶鼬

連連看 | 12月（December）
你ㄋㄧˇ所ㄙㄨㄛˇ不ㄅㄨˋ知ㄓ道ㄉㄠˋ的ㄉㄜ˙動ㄉㄨㄥˋ物ㄨˋ超ㄔㄠ能ㄋㄥˊ力ㄌㄧˋ

世界上存在著令人大開眼界、擁有非凡能力的動物們，
有些速度很快、有些不受地心引力影響、有些還能夠起死回生！
拿起筆連連看，幫下列四種動物找到牠們厲害的超能力吧！

（請翻開圖鑑第 194 頁至第 195 頁對照）

A 只要受傷或受到壓力時，
就會沉入海底回到嬰兒期。
兩個月後，便會長成一個新個體，
周而復始地重複生命喔！

源ㄩㄢ羊ㄧㄤˊ

B 我們跑得不快，
也沒有真正的防禦能力，
但因為對蛇毒有免疫力，
所以可以吃下某些蛇種喔！

燈ㄉㄥ塔ㄊㄚˇ水ㄕㄨㄟˇ母ㄇㄨˇ

C 我們不受地心引力影響，
能走到岩石表面，
舔食生長所需要的鹽分和礦物質，
是天生的攀岩高手！

尖ㄐㄧㄢ吻ㄨㄣˇ鯖ㄑㄧㄥ鯊ㄕㄚ

D 我的時速可達 60 公里！
在開闊的海洋中，
以瞬息萬變的速度不停地移動著。

北ㄅㄟˇ美ㄇㄟˇ負ㄈㄨˋ鼠ㄕㄨˇ

解答

【第2頁】

1. 劇毒　　2. 爪子

3. 電荷　　4. 捕食網

【第3頁】

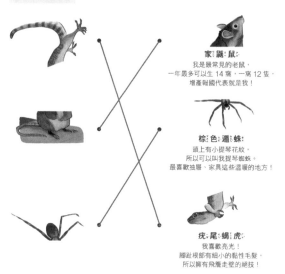

家鼷鼠：
我是最常見的老鼠，
一年最多可以生 14 窩，一窩 12 隻，
增產報國代表就是我！

棕色遁蛛：
頭上有小提琴花紋，
所以可以叫我提琴蜘蛛。
最喜歡油層、家具這些溫暖的地方！

疣尾蝎虎：
我喜歡亮光！
腳趾根部有細小的黏性毛髮，
所以摘有飛簷走壁的絕技！

【第4頁】

褐喉三趾樹懶　　架紋蟾　　角雕

四角招潮蟹　　大西洋海神海蛞蝓

墨西哥鈍口螈　　大犰狳

【第5頁】

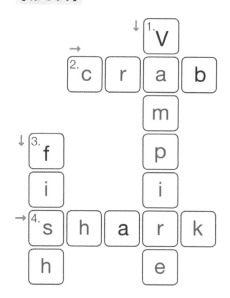

↓1. V
→2. c r a b
    m
↓3. f　　p
    i　　i
→4. s h a r k
    h　　e

【第6頁】

耳廓狐

【第7頁】

1. 魚，青蛙、鳥　　2. 魚、兩棲類、小鴨

3. 魚、昆蟲　　4. 魚、貝殼類、螃蟹、烏龜

解答

【第8頁】

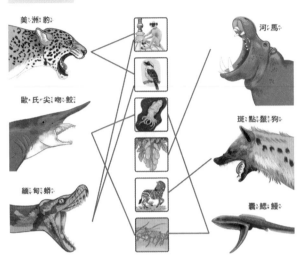

美洲豹

河馬

歐氏尖吻鮫

斑點鬣狗

緬甸蟒

囊鰓鰻

【第9頁】

（顏色僅供參考）

【第10頁】

1. ☑無脊椎動物、☑肉食性動物

2. ☑會用粉色舌頭吸引獵物

3. ☑肉食性動物

4. ☑爬蟲類、☑能完美融入周圍環境

【第11頁】

東美螢火蟲　E G

獨眼巨人天蠶蛾　C I

秘魯夜猴　D H

袋獾　A B F

【第12頁】

（顏色僅供參考）

【第13頁】

A 只要受傷或受到壓力時，就會沉入海底回到嬰兒期。兩個月後，便會長成一個新個體，周而復始地重複生命喔！

 羱羊

B 我們跑得不快，也沒有真正的防禦能力，但因為對蛇毒有免疫力，所以可以吃下某些蛇種喔！

 燈塔水母

C 我們不受地心引力影響，能走到岩石表面，舔食生長所需要的鹽分和礦物質，是天生的攀岩高手！

 尖吻鯖鯊

D 我的時速可達 60 公里！在開闊的海洋中，以瞬息萬變的速度不停地移動著。

 北美負鼠

台灣廣廈 國際出版集團
Taiwan Mansion International Group

一日一動物 探索超圖鑑【親子互動遊戲別冊】
12種紙上動物園學習單‧大班以上適用

作　　　者／米蘭達‧史密斯Miranda Smith	編輯中心執行副總編／蔡沐晨‧編輯／陳虹妏
譯　　　者／蘇郁捷	封面設計／陳沛涓‧張哲剛‧**內頁排版**／何欣穎
遊 戲 策 劃／陳柔彣	製版‧印刷‧裝訂／東豪‧承傑‧固晟

行企研發中心總監／陳冠蒨	線上學習中心總監／陳冠蒨
媒體公關組／陳柔彣	數位營運組／顏佑婷
綜合業務組／何欣穎	產品企製組／江季珊、張哲剛

發 行 人／江媛珍

法 律 顧 問／第一國際法律事務所 余淑杏律師‧北辰著作權事務所 蕭雄淋律師

出　　　版／美藝學苑

發　　　行／台灣廣廈有聲圖書有限公司
　　　　　　地址：新北市235中和區中山路二段359巷7號2樓
　　　　　　電話：（886）2-2225-5777‧傳真：（886）2-2225-8052

代理印務‧全球總經銷／知遠文化事業有限公司
　　　　　　地址：新北市222深坑區北深路三段155巷25號5樓
　　　　　　電話：（886）2-2664-8800‧傳真：（886）2-2664-8801

郵 政 劃 撥／劃撥帳號：18836722
　　　　　　劃撥戶名：知遠文化事業有限公司（※單次購書金額未達1000元，請另付70元郵資。）

■出版日期：2024年06月　　　ISBN：978-986-6220-71-5（別冊）

First published in Great Britain 2023 by Red Shed, part of Farshore, An imprint of HarperCollins*Publishers*, 1 London Bridge Street, London SE1 9GF
under the title: **An Animal A Day**
Copyright © HarperCollins*Publishers* Limited 2023
Written by Miranda Smith.
Inside illustrations by Kaja Kajfež, Santiago Calle, Mateo Markov and Max Rambaldi.
Front cover illustrations by Kaja Kajfež, Mateo Markov and Santiago Calle.
Consultancy by Dr Ashwini V. Mohan.
Inside design by Duck Egg Blue Limited
Translation © Taiwan Mansion Publishing Co., Ltd.
Translated under licence from HarperCollins*Publishers* Limited
arranged with HarperCollins*Publishers* Limited
through BIG APPLE AGENCY, INC., LABUAN, MALAYSIA.
All rights reserved.